Lorenz Wieser · Jürgen Weller

Holzschnitzen

Frech-Verlag Stuttgart

Fotos: frechverlag GmbH + Co. Druck KG

Auflage: 12. 11. 10. 9. | Letzte Zahlen
Jahr: 2001 2000 1999 98 | maßgebend

frechverlag GmbH + Co. Druck KG, 70499 Stuttgart

ISBN 3-7724-1068-5 · Best.-Nr. 1068

Druck: frechverlag GmbH + Co. Druck KG, 70499 Stuttgart

Ein schönes Hobby

Mit dem Holzschnitzen haben Sie sich ein schönes Hobby ausgesucht. Es erlaubt, selbst zu gestalten und schöpferische Arbeit zu leisten: Man sieht, wie die Arbeit entsteht, erhält ein fertiges Ergebnis. Mit schönen Schnitzarbeiten macht man nicht nur sich selbst, sondern auch Freunden und Bekannten eine Freude.

Dieses Buch soll Ihnen helfen, sich näher mit den Techniken vertraut zu machen, so daß Sie nach und nach auch größere Arbeiten anfertigen können. Bei allen Schnitzereien wiederholen sich bestimmte Grundtechniken. Wichtig ist, daß Sie sich in die Darstellungen eindenken und Gefühl für Form und Proportion bekommen. Betrachten Sie immer wieder Ihre Arbeiten und überlegen Sie, wo noch etwas verfeinert werden könnte.

Natürlich braucht man Geduld. Es kann vorkommen, daß ein Arbeitsgang mal nicht so läuft, wie man es sich vorstellt: Das macht nichts! Probieren Sie es neu. Üben Sie sich ständig im Schnitzen. Bald wird es Ihnen leichtfallen.

Sie finden in diesem Buch die ganze Palette der Schnitztechnik, vom Kerbschnitt bis zur plastischen Darstellung. Zur Übung sind verschiedene Arbeiten Schritt für Schritt erläutert, so daß Sie nach Bild und Text mitarbeiten können. Darüber hinaus geben viele Abbildungen Anregungen für weitere Arbeiten. Stücke, die eine Zier für Ihr Heim sind und die praktischen Wert haben.

Schwierig ist das alles nicht, aber es erfordert sauberes Schnitzen und Einfühlungsvermögen. Bestimmt wird es Ihnen Freude machen, bald Ihre eigenen Schnitzereien zeigen zu können.

Der Kärntner Holzbildhauer Lorenz Wieser, der das Schnitzen von der Pike auf gelernt hat und seit vielen Jahren seine Arbeiten in österreichischen und deutschen Ausstellungen zeigt, wird Sie Schritt für Schritt an das schöne Hobby heranführen. Sie erfahren auch so manchen guten Tip.

Schnitzen – eine alte Kunst, die immer mehr Freunde gewinnt

Die Liebe zu natürlichen Werkstoffen und die vielen Möglichkeiten, die Holz zur Gestaltung bietet, haben in den vergangenen Jahren zu einer immer größeren Schnitzer-Gemeinschaft geführt. Holzschnitzer gibt es seit Jahrtausenden in allen Kulturen und auf der ganzen Welt. Denken Sie nur an die Herrgott- und Krippenschnitzer in den Berggegenden, dann wissen Sie, daß Schnitzen eine weitverbreitete Volkskunst ist.

Früher erarbeiteten sich die Menschen mit Messer und Holz Gebrauchsgegenstände wie Schüsseln, Löffel und Windräder. Und sie entdeckten, daß man mit einfachen Schnitten wunderschöne Verzierungen anfertigen kann. Kaiser, Könige und Edelleute ließen sich Schnitzer (früher Tischler, Zimmerleute) kommen, um Möbel zu bauen und diese mit aufwendigen Schnitzereien zu verzieren. Die Hölzer waren edel und gut, wie das rötliche Mahagoni, das braune Teak oder das schwarze Ebenholz. Üppige Ornamente und bis ins kleinste ausgearbeitete Verzierungen waren gefragt.

Eine Blüte erlebte die Holzschnitzkunst durch den Fachwerkbau im Mittelalter, im Barock, Rokoko und Klassizismus. Noch heute können wir an alten Häusern Rosetten und Schriften, Darstellungen und figürliche Motive sehen.

Einen besonders breiten Raum nehmen die religiösen Darstellungen bei allen Völkern ein. Totems und Masken, Heiligenfiguren und dämonische Darstellungen fremder Völker gehören ebenso dazu, wie die Marienbildnisse, Krippen und Kreuzigungsszenen bei uns. In vielen Kirchen kann man sich von der Schnitzkunst der Vorfahren überzeugen: Figuren, Altäre und Beichtstühle liefern uns zugleich Anregungen für die eigene Arbeit.

Bei alledem sollten wir nicht vergessen, wie intensiv sich die Künstler dem Holzbildhauen gewidmet haben. Namen wie Matthias Grünewald, Veit Stoß, Albrecht Dürer und Lobisser, der Spezialist für Holzschnitt, begleiten den Weg der Schnitzkunst.

So schön läßt sich mit dem Naturstoff Holz arbeiten. Es erlaubt dem Schnitzer immer neue Formen und Farbgebungen. Der reich verzierte Teller ist ein schönes Schmuckstück.

Immer mehr – immer einfacher

Es gibt viele Schnitzfreunde. Deshalb gibt es heute auch ein großes Angebot an Hilfsmitteln. Im Handel erhalten Sie sogenannte Rohlinge. Das sind mit der Maschine vorgefräste Arbeiten, denen Sie noch den letzten Schliff geben müssen. Die Figuren sind vorgearbeitet. Es sind nur noch Restarbeiten erforderlich. Außerdem gibt es verschiedene, elektrisch angetriebene Werkzeuge, die den Kraftaufwand reduzieren.

Schöner ist es natürlich, wenn Sie das Schnitzen von Grund auf lernen, den Werdegang kennenlernen und selbst in der Lage sind, eine Figur von Anfang an zu arbeiten. Die ständige Praxis mit den Schnitzeisen wird Sie außerdem dazu befähigen, immer leichter die notwendigen Schnitte auszuführen. Selbstgemacht ist eben selbstgemacht! Und die Freude ist größer, wenn es fertig und gelungen ist.

Schönes für die Wohnung

An Ihren eigenen Arbeiten können Sie Stück für Stück Ihren Fortschritt messen. Welche Freude macht es, aus einem groben Stück Holz nach und nach eine Figur wachsen zu sehen: Holz, das Form annimmt, die Sie ihm gegeben haben. Um den Hausspruch in Ihrer Diele, die stilisierte Plastik auf Ihrem Bord, den hübsch verzierten Kleiderbügel oder die ornamentierte Stuhllehne wird Sie mancher beneiden. Ihre Freunde und Bekannten werden begeistert sein, und auch Sie und Ihre Familie werden immer Spaß an den selbstgeschnitzten Stücken haben.

Warum? Weil es nichts Alltägliches ist, weil es *Ihre* Arbeit, *Ihr* Werk ist, das auch *Ihre persönliche* Handschrift trägt.

Holz – der Ursprung allen Schaffens

Das Wichtigste, was wir zum Schnitzen brauchen, ist natürlich das Holz. Ein Material, das wir mit dem Messer bearbeiten, verändern, kerben und aus dem wir Formen entstehen lassen können. Gegenüber anderen bildenden Künsten ist das Bildhauen eine Ausnahme. Die Formen entstehen durch Wegnehmen, in unserem Fall durch Wegschnitzen. Aus einem größeren Stück Holz bilden wir dem Gesamtumfang nach immer kleinere Reliefs oder Plastiken.

Holz unterscheidet sich außerdem noch wesentlich von anderen Materialien: Es ist ein lebendes Material. Holz besteht aus Zellen und Fasern, wächst, bildet ein Gefüge. Sie kennen die wunderschönen Maserungen, die Jahresringe, die sich um den Kern legen. Die Fasern sind schon problematischer. Beim Schnitzen muß man sie beachten, denn sonst kann ein Schnitt in Fransen und Splittern enden. Deshalb sollte man möglichst mit oder auch quer zur Faser schneiden.

Holz ist eben ein lebendiger Stoff, der zäh und widerspenstig sein kann. Bei einigen Arten geht das so weit, daß sie sich zum Schnitzen kaum eignen. Deshalb haben wir auf der nächsten Seite eine Tabelle für Sie zusammengestellt, die Ihnen sicher eine Hilfe ist. Denn wenn man schnitzt, soll die Arbeit leicht von der Hand gehen. Das richtige Holz hilft da schon ein gutes Stück weiter.

Wir alle kennen die Unterteilung in Laub- und Nadelhölzer. Darüber hinaus gibt es für den Fachmann noch viele weitere Merkmale, wie Weich- und Harthölzer, Reif- und Kernholz.

Damit Sie nach und nach die Schnitztechniken kennenlernen, ist es aber nicht wichtig, wie sich die Hölzer unterscheiden, sondern wie Sie sich schnitzen lassen. Deshalb haben wir unter anderem in unserer Tabelle vermerkt, ob es sich um ein weiches oder härteres Holz handelt, und angehängt, welche Hölzer sich schwer bearbeiten lassen. Verwenden Sie diese Hölzer vorerst nicht.
Lindenholz ist bei vielen Hobbyschnitzern beliebt. Es ist weich und sieht mit seinem hellen Farbton recht schön aus. Sie werden aber feststellen, daß sich auch aus Zirbe, Nuß und Kastanie sehr hübsche Arbeiten machen lassen.

Holzbeschaffung

Viele Hobbyschnitzer fragen, wo sie sich das Holz für ihre Arbeiten beschaffen sollen. Nun, Bildhauer, die im Laufe des Jahres viele Stücke erarbeiten, legen sich einen Vorrat an. Sie kaufen Stämme und Bretter und lagern sie gut ab, damit sie richtig austrocknen. Das ist gut, denn – darüber wird sich jeder klar sein – frisch geschnittenes Holz wird sich später im Zimmer verziehen. Es trocknet, verändert seine Form, reißt. Verwenden Sie daher immer abgelagertes Holz.
Wer weniger schnitzt, besorgt sich sein Material in Hobby- und Bastelgeschäften oder in Baumärkten. Meist kann man sich gleich die richtigen Größen herrichten lassen. Ansonsten versuchen Sie es im Holzhandel, bei Tischlern und Schreinereien. Hier gibt es oft Reststücke, die preiswert sind und sich durchaus noch für ein Relief, eine Kerbschnitt-Arbeit oder auch für eine Plastik eignen.
Sollte es bei Ihnen in der Nähe gar einen Holzbildhauer geben, dann fragen Sie doch einfach mal da an. Vielleicht hat er Holz für Sie, und bestimmt kann er Ihnen auch noch so manchen Tip mit auf den Weg geben.

Weiche Hölzer		**Harte Hölzer**	
Linde	weißlich-gelb	*Nuß*	schön gemasert und gefärbt, brauner Kern, grau-weißes Splintholz
Zirbe	leicht rötlich		
Kastanie	weiß		
Weide	weiß	*Eiche*	schön gemasert
Pappel	weiß	*Obsthölzer*	lebhaft gemasert
Erle	rötlich weißes Splintholz	*Teak*	
		Mahagoni	

Schwierig zu bearbeiten sind **Nadelhölzer**, z.B. *Fichte, Tanne, Föhre, Lärche.*

Das Werkzeug

Wie bei vielen Hobbies und handwerklichen Tätigkeiten benötigt man auch zum Schnitzen Werkzeug: Schnitzeisen oder Beitel, wie der Bildhauer sagt.
Das Arbeiten geht umso einfacher, je besser das Werkzeug ist. Dazu muß man wissen, wie es gehandhabt wird.
Für unsere Modelle, die Sie ja nachschnitzen wollen, empfiehlt es sich, Schnitzwerkzeug zu kaufen. Erst mit vernünftigem Werkzeug wird Ihnen Ihr Hobby richtig Freude machen.
Bildhauer haben 50 bis über 100 Beitel in Gebrauch. Aber keine Angst, so viele benötigen Sie nicht. Im Hobby- und Werkzeughandel gibt es Einzelstücke und mehrteilige Bildhauersätze. Sie werden zu Beginn mit etwa zehn Messern zurechtkommen. Je nachdem, wie intensiv Sie sich dem Hobby weiter widmen, können Sie Ihr Werkzeug nach und nach ergänzen. Es gibt auch spezielle Kerbschnitzmesser mit kurzer Klinge. Diese benötigen Sie nicht unbedingt, weil Sie auch mit den Beiteln Kerbschnitzarbeiten durchführen können. Stets gehört aber ein Knüpfel, Klöpfel oder Knüppel dazu: ein rundlicher Holzhammer, der beim groben Abtrag des Holzes und manchen Schnitten eine größere Kraft aufs Messer überträgt.
Mit der Zeit wird das beste Messer stumpf. Deshalb sollten Sie sich einen Schleifstein zulegen und zum Abziehen der Fase, des dünnen Schneidengrates, einen Abziehstein. Am einfachsten geht es mit einer Schleifmaschine, die eine Schleif- und Abziehscheibe hat. Achten Sie auf die Drehrichtung: Richtig ist's vom Körper weg. Ideal sind Maschinen mit wassergekühlter Schleifscheibe. Bedenken Sie, je schärfer das Messer desto leichter das Arbeiten!

Das Schnitzwerkzeug
Es gibt Messer mit insgesamt elf Stichen (oder Formen), von geraden bis zu runden Schnittflächen. Alle werden in verschiedenen Breiten angeboten. Als besonderen Stich gibt es noch den Gaisfuß.

Stiche und Bezeichnung
Stich 1 und 2 = Balleisen
Gerade bis schräge und beidseitig geschliffene Schnittfläche. Meist für Kerbschnitt und Abrundungen.

Stich 3 bis 6 = Flacheisen
Klein bis groß gebogene Schnittflächen. Für Kerbschnitt, Grund- und Flächenabtrag sowie Rundungen.

Stich 7 bis 11 = Hohleisen
Runde Schnittfläche. Besonders zum Aushöhlen und für Zierschnitte.

Stich 41 = Gaisfuß
Dreiecksform. Zum Vorschlagen und für Zierschnitte.

Darüber hinaus gibt es noch gekröpfte und verkehrt gekröpfte Eisen, die aber relativ wenig gebraucht werden.

Knüpfel = Zylindrischer Holzhammer
Hilfe zum festeren Einschlagen.

Von links: Balleisen (Stich 2), Flacheisen (Stich 3-6), Hohleisen (Stich 7, 10, 11), Gaißfuß (Stich 41). Dahinter der Bildhauerhammer, der Knüpfel.

Einspannen
Wichtig ist, daß die Werkstücke fest eingespannt sind, so daß sie bei der Arbeit nicht verrutschen. Wer keine massive Hobelbank hat, kann auch an einem Workmate-Tisch arbeiten, der zahlreiche Einspannmöglichkeiten hat. Ansonsten helfen Schraubzwingen weiter. Arbeiten, die sich wegen ihrer Größe schlecht befestigen lassen, speziell Reliefs, schraubt man auf ein größeres Untergrundbrett. Darauf achten, daß die Schraube nicht zu lang ist und das Bild beschädigt.
Größere Plastiken werden an der Unterseite angebohrt. Ein durchbohrtes Holzstück dient als Halterung. Halterung und Figur werden durch eine Figurenschraube miteinander verbunden. Ist beides fest, schraubt man die Halterung in den Zwingentisch ein, wie auf unserem Foto gezeigt.

Kerbschnitzen

Eine der am weitesten verbreiteten Techniken. Verschiedenartige Einkerbungen führen zu hübschen Mustern, Rosetten und Zierketten. Der Kerbschnitt ist eine gute Übung, sich mit dem Schnitzen vertraut zu machen, Messerführung und Schneiden zu trainieren.
Wir stellen Ihnen das Kerbschnitzen an einigen Beispielen vor. Die Technik können Sie immer wieder anwenden, sei es, um Schriften zu schnitzen oder um Zierschnitte anzubringen.
Im Kerbschnitt werden unterschieden: Dreieckschnitt, Bogenschnitt und Linienschnitt. Wir haben uns auf eine grundlegende Darstellung beschränkt, damit Sie die Mustertechnik kennenlernen.
Wie bei allen Arbeiten, sollten Sie auch beim Kerbschnitt nie ohne Entwurf arbeiten oder zumindest die spätere Form aufs Holz übertragen.

Das sollten Sie beachten:
1. Das Messer immer mit beiden Händen halten. Eine Hand dient als Führhand, die andere als Schnitzhand. Beim Rechtshänder schnitzt die rechte Hand, die linke führt und hält das Messer zurück, damit der Schnitt nicht verrutscht.
2. Immer mit oder quer zur Faser schneiden.
3. Nicht zu tief einschneiden und die vorgegebenen Linien beachten.
4. Ständig Messerhaltung und Schnittführung üben, so daß Sie Kerben in einem glatten, sauberen Schnitt ausführen können.
5. Alle Schnitte im jeweiligen Zentralpunkt zusammenlaufen lassen.

Dem Zierwerk sind keine Grenzen gesetzt. Mit der Kerbschnitt-Technik können Sie zum Beispiel Geschenkteller beschnitzen, Stuhllehnen und Türfüllungen, Kleiderhaken, Haussprüche, Hausnummern, Briefkästen, Bucheinbände und vieles mehr.

Kerbschnitt-Übungen

Zierbänder
Beherrschen Sie einmal die Technik des Kerbschnitzens, können Sie Zierbänder, Rosetten und nahezu alle Arten von Verzierungen schnitzen. Denken Sie sich selbst Darstellungen aus. Beginnen Sie mit großflächigen Arbeiten, die Sie später immer wieder unterteilen können und die hübsch anzusehen sind.

Die Form auf ein Brett zeichnen. In unserem Fall sind das Quadrate mit Diagonalen. Mit Hilfslinien die Diagonalen wieder in zwei Dreiecke teilen. Entlang diesen Linien mit dem Balleisen einstechen. Dann von allen drei Seiten die Felder ausheben. Es entsteht ein hübsches Muster, wenn mehrere Quadrate aneinandergereiht werden.

Dieses Zierband ist anders gemustert. Wir zeichnen wieder Quadrate mit Diagonalen auf und stechen das Balleisen an den Linien ein. Dann die Fläche nur von einer Seite gerade abheben.

Rosette und Buchstaben

Mit diesen Übungen sind Sie in der Lage, auch runde Verzierungen anzubringen sowie Buchstaben zu schneiden, so daß Sie Schrifttafeln, Haussprüche, Hausnummern und vieles mehr erarbeiten können.

Abbildung unten links:
Die Rosette mit dem Zirkel aufzeichnen, den Kreis von der Mitte aus mit sechs Punkten des Randes verbinden, so daß wir sechs Innenflächen erhalten. Die Felder mit Hilfslinien weiter aufteilen. Senkrecht an den Linien wieder mit dem Balleisen einstechen. Dann die Kerben flächig und möglichst mit einem Schnitt ausschneiden. So machen wir es mit allen Feldern.
Beherrschen Sie diese Technik, sind Sterne und Windräder kein Problem mehr für Sie.

Mit Hilfe des Kerbschnitzens können wir auch „schreiben“.
Die Buchstaben aufzeichnen. Hilfsweise legen wir eine Mittellinie an und schneiden hier wieder ein. Dann von der Außenlinie zur eingeschnittenen Mittellinie die Flächen auskerben.
Mit der Schrift-Technik können Sie bald schon Ihre Freunde mit einem selbstgeschnitzten Haussegen überraschen.

Ornamente und Schriften

Bei Ornamenten und Schriften können Sie vieles von der Kerbschnitt-Technik anwenden. Die Ornamentik ist wieder ein Gebiet für sich, viel zu umfangreich, sie in diesem Buch umfassend zu behandeln.

Mit unserer Spruchtafel wollen wir Ihnen zeigen, wie schön sich mit der Ornamentik arbeiten läßt und mit welch einfachen Mitteln es auch Ihnen bald leicht fällt, für sich und Ihre Freunde hübsche Sachen wie Teller, Wandbords, Spruchtafeln oder Gefäße zu beschnitzen.

Wir schnitzen eine Spruchtafel

Bei allen Arbeiten bleiben Ihnen Größe und Holzart selbst überlassen. Wir verwenden hier ein Lindenbrett: Länge 58 cm, Breite 27 cm, Dicke 2 cm.

Wie schon bei den vorigen Arbeiten tragen wir den Entwurf, zuerst die Randführung, auf das Brett auf und sägen die Konturen mit der Stichsäge aus.

Die Randlinien mit dem Gaisfuß ausheben, so daß wir eine Begrenzung haben und sich der Rand schon abhebt.

Jetzt heben wir den Grund mit einem großen Flacheisen aus.

Durch das Wegschnitzen liegt die gesamte Innenfläche des Brettes tiefer.

Danach setzen wir den gesamten Rand ab. Dazu verwenden wir Messer, wie die Linienführung es erfordert.

Nach dem Absetzen schneiden wir den Grund sauber. Das Messer führen wir dabei bis zur vorgezeichneten Bleistiftlinie. Jetzt haben wir schon deutlich eine Tafel mit erhabenem Rand, der in dieser Phase allerdings noch recht grob ist.

Damit der Rand Gestalt annimmt und schön wirkt, runden wir die Kanten mit einem Balleisen oder mit einem gekröpften Hohleisen, das aber nicht unbedingt benötigt wird, ab.

Zum Ausarbeiten der Ornamente, Hilfslinien aufzeichnen. Von der Innenseite das Holz mit einem Hohleisen sauber ausheben. Anschließend die Rundungen schneiden. Bei diesen Arbeiten sind wir gezwungen, gegen die Faser zu schneiden. Drehen Sie beim Schnitt leicht das Messer.

Anschließend mit dem Hohleisen von außen noch Zierschnitte anbringen. Arbeiten Sie so den gesamten Rand aus. Danach kann es an die Schrift gehen.

a b c d e
f g h i j k
l m n o p
q r s t u v
w x y z

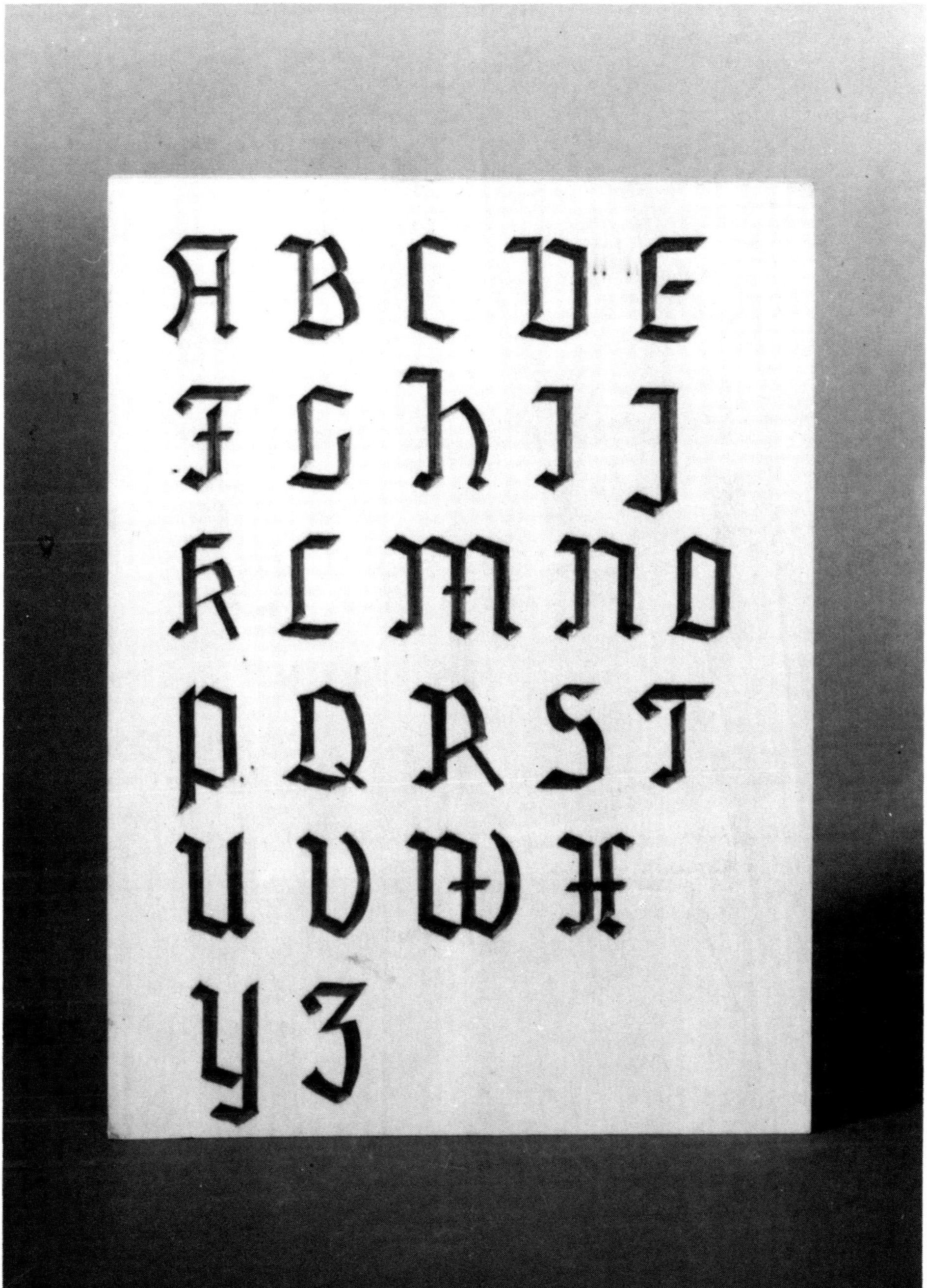
A B C D E
F G H I J
K L M N O
P Q R S T
U V W X
Y Z

Zeichnen Sie die Schrift auf.
Vertieft liegende Buchstaben werden in der Kerbschnitt-Technik ausgearbeitet. Benutzen Sie dazu Balleisen in verschiedenen Größen nach Erfordernis. Bald ist die Schrifttafel fertig.

Mit dem Balleisen die Buchstabenränder gleichmäßig tief absetzen.
Winkeln Sie dabei das Messer um ca. 60 Grad ab.

Sehr gut sieht es auch aus, wenn die Buchstaben erhaben sind.
Die Buchstabenränder mit dem Gaisfuß umschnitzen, dabei nicht zu nah an die vorgezeichneten Linien kommen.

Wenn wir die Buchstaben abgesetzt haben, heben wir mit einem schmalen Flacheisen den Untergrund aus und schneiden ihn sauber.

Diese schöne Hintergrundgestaltung erzielen Sie mit einem Flachkopfnagel. Mit einer Metallsäge in die flache Schlagfläche des Nagels einsägen. Den so präparierten Nagel als Prägestempel benutzen und gleichmäßig auf dem Hintergrund einschlagen. Es entsteht eine schöne gleichmäßige Musterung. Eine Alternative zum geschnitzten Grund.

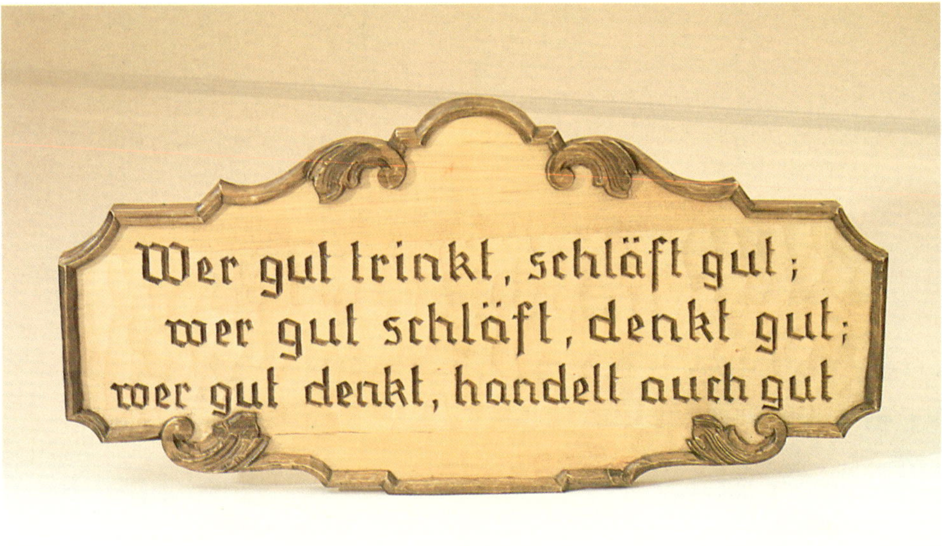

Oben: Spruchtafel, gebeizt, mit eingelassener Schrift

Unten: Spruchtafel mit erhabener Schrift und gehämmertem Hintergrund

Diese aufwendige Arbeit – Vorschlag für ein Gemeindewappen – verlangt einiges Können. In dem Wappen sind viele Techniken vereint: Ornamentik, Schrift, Relief.

Schnitzen einer Mohnblume

Auch für die weitere Arbeit ist wichtig, worauf zu Anfang hingewiesen wurde: Schauen Sie sich die Arbeiten immer wieder an, denken Sie sich in die Darstellungen ein, üben Sie Messerhaltung und Schneiden.

Jetzt kommen wir zu einer Arbeitstechnik, die sehr oft gebraucht wird und mit der Sie nahezu alles selbst herstellen können: das Relief. Es steht zwischen Zierarbeiten, Kerbschnitt und der umfassenden Plastik oder figürlichen Darstellung. Eine gewisse plastische Wirkung hat auch schon das Relief. Es lebt von Vorder- und Hintergrund, von verschiedenen Darstellungsebenen. Besondere Wirkung erzielt es durch den Lichteinfall. Es ergeben sich schöne Hell-Dunkel-Effekte.

Im Relief können Sie alles darstellen: Menschen, Tiere, Häuser, Blumen und Landschaften.

Ein Entwurf ist unbedingt erforderlich. Schauen Sie sich immer wieder die Arbeit an, es müssen vor allem die Proportionen stimmen. Der Vordergrund muß größer wirken als der Hintergrund, der in der Regel zurückgeschnitten wird.

Damit Sie die Technik des Reliefschnitzens kennenlernen, haben wir zwei Schritt-für-Schritt-Arbeiten für Sie vorbereitet: eine Blume und einen Adler. Anregungen für weitere Arbeiten finden Sie auf den Seiten 26, 27, 28.

Üben Sie sich im Reliefschnitzen. Bald werden Sie schon Ihre Wunschmotive schneiden können: kunstvoll gearbeitete Stücke, die eine Zier für jede Wohnung sind.

Beginnen wir mit einer Blume! Gerade aus der Pflanzenwelt bieten sich hunderte Motive an, die ein schönes Reliefbild abgeben. Arbeiten Sie mit und Sie werden die Techniken des Reliefs kennenlernen.

Sie werden bald merken, daß Sie einige Arbeitsmethoden aus den vorigen Schnitzereien jetzt schon gut anwenden können.

Größe und Holzart nach Ihrer Wahl. In unserem Fall verwenden wir Lindenholz. Länge 37 cm, Beite 25 cm, Dicke 2,5 cm.

Pausen Sie das Motiv vom Vorlagenbogen ab und übertragen Sie es auf das Brett.

Damit das ganze Relief eine schöne Form hat, haben wir umlaufend eine Hohlkehle eingefräst. Wer dafür kein Werkzeug hat, kann sich das Brett auch beim Tischler fräsen lassen.

Die Blume soll sich vom Grund abheben. Wir arbeiten die Konturen mit dem Gaisfuß aus. Dabei darauf achten, nicht zu nah an die vorgezeichnete Bleistiftlinie zu kommen. Das Holz könnte sonst am Figurenrand ausreißen. Deshalb mit der Faser oder quer zur Faser schneiden. Vorsicht bei engen Stellen und bei den Blattspitzen, damit nichts abbricht.
Wenn wir zum erstenmal den Grund ausheben, ist die Form des Reliefs schon deutlich zu erkennen.

Damit sich die Blume vom Hintergrund deutlicher abhebt, nochmals die Konturen ausschneiden und den Grund abheben.

Wir setzen die Konturenränder (Messer je nach Linienführung) ab. Am besten ist es, das Schnitzeisen dabei leicht nach außen zu halten. Nicht zu tief einschneiden, sonst haben wir beim Zurücksetzen nicht mehr genügend Holz. An den abgesetzten Stellen können wir den Grund wieder sauber schneiden.

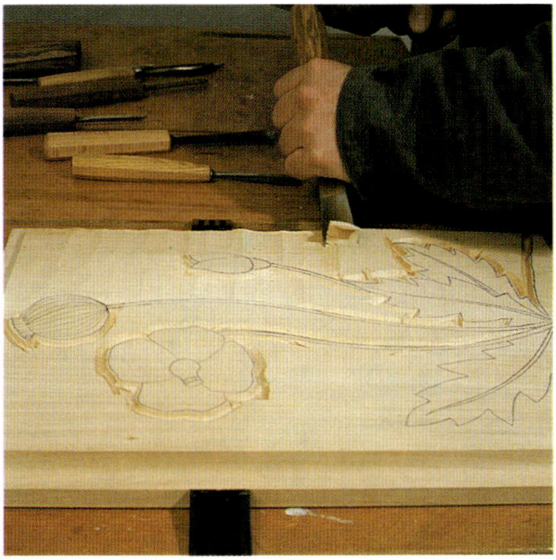

Mit einem Flacheisen (Stich 4 oder 5) setzen wir jetzt die Blätter im Hintergrund (links im Bild) zurück. Sie müssen zarter wirken als die Vordergrundblätter.

Nun die Blätter detailliert ausarbeiten. Sie sollen plastisch und natürlich wirken. Die Rippen mit einem Gaisfuß ausheben. Besser geht's, wenn wir uns die Rippen vorher mit Bleistift aufzeichnen.

Mit einem Flacheisen setzen wir auch den Stengel tiefer.
Schauen Sie sich Ihr Relief an. Jetzt hat es schon Wirkung.

Werden die Blätter mit einem Hohleisen von den Rippen weg nach außen weiter beschnitten, läßt sich eine noch bessere Wirkung erzielen.

Auch an Kapsel und Blüte müssen wir denken. Wir runden sie mit Flach- und Hohleisen ab.

Wie bei den Blattrippen, zeichnen wir auch die Kapsellinien mit Bleistift auf. Dann heben wir sie mit dem Gaisfuß aus.

Sind sie bis jetzt gut voran gekommen? Es bleiben nämlich nur noch wenige Restarbeiten, bis Sie Ihr erstes Relief aus diesem Buch fertig haben.

Die Blüte ist wichtig. Den Kelch umschneiden wir mit dem Gaisfuß. Er soll hinterher hervorstehen. Die Blütenblätter setzen wir mit dem Gaisfuß ab.

Die hinteren Blütenblätter sind dünner. Deshalb setzen wir die hinteren (oberen) Blätter zurück. Wir machen großflächige Schnitte.

Wenn Blüte und Knospe sauber geschnitten sind, geht's an den Boden. Wir runden ihn nach oben hin ab und bringen ungleichmäßige Schnitte ein, so daß es nach Erde aussieht.

Ist auch das geschafft, bearbeiten wir wieder den Hintergrund. Immer versetzt, aber mit regelmäßigen Schnitten schneiden wir den Hintergrund sauber. Schauen Sie sich Ihre Arbeit an! Ist irgendwo noch etwas sauber zu schneiden, ein Rand noch besser zu runden, irgendwo noch etwas besser auszuarbeiten? Geben Sie Ihrer Arbeit den letzten Schliff. Wenn alles in Ordnung ist, beizen Sie das Relief. Wie wär's mit dunklem Boden, hellerem Hintergrund und heller Blume?

Haben Sie sich schon einen Platz für das Relief ausgesucht? Schließlich soll man sehen, was Sie selbst gemacht haben!

Wie wir's zu Ende gebracht haben, sehen Sie auf dem Bild rechts.
Übung macht den Meister.
Trainieren Sie daher auch an eigenen Entwürfen. Erproben Sie Ihr Können an den Blumenmotiven auf den folgenden Seiten oder an unserem Adler.

Wir schnitzen einen Adler

Mit der Blume haben Sie gezeigt, daß Sie sich schon aufs Reliefschnitzen verstehen. Diesmal ist ein Tier dran. Ein Adler, der seine Schwingen zum Flug anhebt.
Im Prinzip sind es die gleichen Arbeitsgänge wie bei der Blume. Nur die Konturen sind anders, und es gibt mehr Details.
Aber Sie werden sehen, wie gut sich auch das Adler-Relief schnitzen läßt.

Diesmal haben wir als Holz Kastanie verwendet. Das Brett ist 50 cm lang, 32 cm breit und 4 cm dick.

Wie bei der Blume, setzen wir wieder mit dem Gaisfuß die Konturen ab. Auch den Adler stellen wir erhaben dar. Im Gaisfußschneiden werden Sie schon Übung haben.

Vom Vorlagenbogen pausen Sie den Adler ab und übertragen die Zeichnung auf das Brett. Auch eine Direktübertragung ist möglich, wenn Sie Kohlepapier zwischen Vorlage und Holzbrett legen, brauchen Sie nur noch mit einem Bleistift die gedruckten Linien nachziehen.

Mit einem breiten Flacheisen heben wir den Grund aus. Das geht gut von der Hand. Um eine bessere plastische Wirkung zu erzielen, heben wir mit dem Gaisfuß nochmals den Grund aus.

Mit Schnitzeisen, der Linienführung entsprechend, setzen wir jetzt die Ränder genauer ab. So erhalten wir schon glattere Konturen, klare Begrenzungen.

Als Arbeitshilfe zeichnen wir jetzt die Flügeldetails auf. Wer nicht so gut zeichnen kann, wird die gedruckte Vorlage abpausen.

Den zurückliegenden (rechten) Flügel mit dem Flacheisen dünner schneiden, um die rechte Vordergrund-Hintergrund-Wirkung zu erhalten.

So, jetzt können wir die Flügellinien – flach – mit dem Gaisfuß absetzen. Wir achten darauf, nicht so tief einzuschneiden.

Wenn das geschafft ist, schrägen wir die Federn mit einem Flacheisen ab. Langsam gewinnt der heute so seltene „König der Berge“ an Form.

Auch der Hals muß zurückgesetzt werden. Deshalb schneiden wir ihn mit einem Flacheisen dünner.

Mit Eisen entsprechend der Form setzen wir die kleinen Federn von den großen ab. Anschließend runden wir die Ränder der Flügel nach vorn hin ab.

Der Schnabel ist charakteristisch und muß sorgfältig ausgearbeitet werden. Mit einem Hohleisen setzen wir ihn vom Kopf ab. Mit zwei Schnitten den Schnabel schräg nach außen abformen. Anschließend flachen wir den Kopf ab.

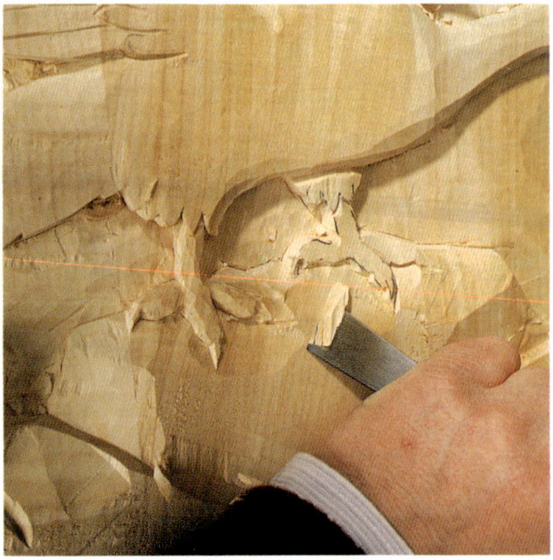

Das Auge kerben wir mit einem kleinen Flacheisen aus. Bei diesen und bei den folgenden Arbeiten ist es – wie immer – wichtig, sich in die Figur einzudenken und das richtige Gefühl für die Schnitzarbeit zu bekommen. Fragen Sie sich immer wieder: Mit welchem Schnitt könnte ich noch schöner, ausdrucksvoller, sauberer gestalten?

Den hinteren (rechten) Fuß setzen wir mit einem Flacheisen zurück. Dann die Fußlinien nochmals aufzeichnen.

Der linke Fuß mit Zehen und Krallen ist schon ausgearbeitet. Beim rechten haben wir die Zehen zurückgesetzt. Mit dem Flacheisen den Grund zwischen den Füßen ausheben. Den rechten Fuß schneiden wir auch der Form nach sauber.

Die hinteren Schwanzfedern müssen wir nach dem Abrunden nochmals aufzeichnen und anschließend mit Balleisen und Gaisfuß ausarbeiten (stufenförmig abschrägen).

Ein bißchen Landschaft und Natur gehören dazu. Deshalb haben wir auch den Boden mit eingearbeitet und links das Gehölz.
Wir setzen es etwas zurück und formen Büschel. Dann zeichnen wir uns Details auf und schnitzen sie mit dem Gaisfuß aus.

Letzter Schliff: Die Rippen der Federn deuten wir mit einem Hohleisen an. Dann schneiden wir den Hintergrund mit regelmäßigen Schnitten sauber.
Damit's noch schöner wird, beizen wir die Figur. Wir tönen den Hintergrund hell, den Vogel mittel sowie Boden und Gehölz dunkel.

Fertige Arbeit, Bild Seite 34

So sieht der Adler aus, wenn wir ihn fertig geschnitzt haben. Eine schöne Sache und ein ansprechendes Schmuckrelief. Versuchen Sie sich an anderen Reliefs.

Figürliches Arbeiten/Plastik

Die Plastik ist die Königin der Bildhauerarbeiten. Sie kennen alle die großen Statuen und monumentalen Kunstwerke, die aus Stein gehauen oder aus Holz geschnitzt wurden. Anders als beim Relief können wir nicht nur in der Fläche arbeiten: ein Holzstück, das zur Plastik werden soll, muß rundum bearbeitet werden. Konturen, Größen und Maßverhältnisse müssen von allen Seiten stimmen. Hauptmotiv für die Plastik war früher der menschliche Körper. Madonnen und Heiligenfiguren werden auch heute als Skulptur gearbeitet. Dazu kommen stilisierte Formen, die durch Gestaltung und Oberfläche wirken.

Das Erarbeiten von Gesichtern und Gewändern erfordert ein großes Maß an Können und Technik. Man braucht einige Zeit, um alle Details ausarbeiten zu können. Auch geübte Hobbyschnitzer benötigen oft für die Bearbeitung eines großen Madonnen-Rohlings (eines also schon weitgehend vorgearbeiteten Stücks) noch ein bis zwei Wochen. Trotzdem wollen wir Sie an das figürliche Arbeiten heranführen. In zwei Schritt-für-Schritt-Anleitungen lernen Sie die Grundtechniken des plastischen Gestaltens kennen. Damit wir Erfolg haben, schnitzen wir stilisierte Figuren. Stilisiert, aber trotzdem eindeutig erkennbar: schöne Schmuckstücke. Denn schließlich sollen alle Arbeiten auch aufgestellt und vorgezeigt werden können.

Zwei Tips für vorher und nachher: Üben Sie sich erst in der figürlichen Darstellung. Nehmen Sie sich ein Stück Holz und schnitzen Sie einfache Figuren aus. Schaffen Sie sich einen Blick für die Proportionen, überlegen Sie, wie Sie am besten und einfachsten vorgehen.

Haben Sie die Schritt-für-Schritt-Arbeiten fertig, denken Sie sich selbst Figuren aus, die Sie schnitzen. Beginnen Sie wieder mit einfachen Formen und steigern Sie dann den Schwierigkeitsgrad. Es ist nur eine Frage der Zeit, bis Sie auch die Figuren- und Plastik-Technik im Griff haben. Sie wissen ja: *Übung macht den Meister.*

Wir schnitzen eine Gans

Wenn Sie dieses Stück nachgeschnitzt haben, ist es – diesem Buch nach – Ihre erste plastische Arbeit.

Die stilisierte Gans läßt sich einfach schnitzen und ist eine schöne Dekoration für Ihr Wandbord.
Sie benötigen ein Stück Holz, das in unserem Fall 20 cm hoch, 12 cm breit und 5 cm dick ist. Es bieten sich Linde, Kastanie, Nußbaum, Zirbe und Eiche an. Wir haben Zirbe verwendet.

Außer dem Entwurf, den Sie für jede Arbeit machen sollten, ist bei diesen Stücken eine Schablone ratsam.
Das ist auch unser heißer Tip für Sie bei jeder Plastik:
Schablone anfertigen!
Schneiden Sie die Schablone aus dikkerem Papier oder aus Pappe aus.

Abbildung rechts oben

Übertragen Sie auf eine Seite des Holzes mit Pauspapier den Entwurf oder zeichnen Sie die Umrisse der Schablone nach. Das ist die Grundlage für die ungefähre Form und die weitere Arbeit. Denn jetzt sägen wir mit einer Band- oder Stichsäge die Konturen aus. Danach gibt's wieder Zeichenarbeit. Wer beides nicht hat, kann auch das Holz mit einem Fuchsschwanz einsägen und die Teile der Form nach abschlagen. Auf die ausgesägte Form zeichnen wir vorn, hinten und den Seiten ungefähr die Figur mit Bleistift vor. So müssen wir auch später arbeiten.

Mit Hohl- oder Flacheisen schneiden wir links und rechts der aufgezeichneten Form nach das Holz weg.

Vor allem am Hals und an den Beinen müssen wir viel (bis zum Bleistiftstrich) wegnehmen. Wie bei allen plastischen Arbeiten brauchen Sie eine gute Vorstellungskraft: Sie müssen sich in die Figur eindenken.

Mit den Beinen geht's weiter. Wir zeichnen die Beinstellung auf. Bei uns steht das rechte Bein nach vorn, das linke nach hinten. Das überschüssige Holz schnitzen wir mit einem Flacheisen weg.

Anschließend durchschnitzen wir mit dem Hohleisen die Beine, so daß sie freistehen. Die Grundlinien unserer Figur sind nun schon gut erkennbar.

Dann arbeiten wir Kopf und Schnabel aus. Den Hals runden wir mit einem Balleisen ab. Nach diesen Arbeiten sieht man, daß hier eine Gans entsteht.

Um eine schöne Struktur zu erhalten, haben wir die Figur mit Flach- und Hohleisen sauber und glatt geschnitten und den Sockel abgeschnitten, damit er zur Größe paßt.

Wer gern eine glattere Oberfläche haben will, schleift mit Sandpapier nach. Beginnen Sie grob (100er Körnung), arbeiten Sie mit 120er Körnung nach, und geben Sie mit feinem Papier (150er Körnung) einen letzten Schliff. Damit die Figur nicht verschmutzt, tragen Sie einen Grundlack und Wachs auf. Schon fertig. Eine schöne Arbeit. Viel schwieriger ist auch die nächste nicht. Und Sie haben spielend Ihre Grundkenntnisse über plastische Arbeiten zusammen.

Tip: Achten Sie bei dieser Art von Figuren immer auf den Sockel und die entsprechende Höhe.
Er sollte einerseits in den Ausmaßen zur Figur passen, andererseits auch eine entsprechende Standfestigkeit garantieren. Bei der kompletten Arbeit können Sie natürlich von unseren Maßen abweichen. Aber wir glauben, hier eine Größe eingehalten zu haben, in der sich die Figur am besten zu dekorativen Zwecken eignet.

Fertige Figur

So sieht unsere gemeinsam erarbeitete Gans aus, wenn sie fertig ist. Gar nicht so schwierig. Wie wär's mit einer eigenen Ente, Ihrem Wellensittich oder auch mit einem stilisierten Baum, einem Auto oder einem Torbogen?
Schärfen Sie das Messer. Als nächstes steht eine Katze auf dem Programm. Mit unserer Schritt-für-Schritt-Anleitung wird auch das zu schaffen sein. Schnitzen Sie mit!